QING SHAO NIAN KE XUE TAN SUO YING

青少年科学探索

科学发现跟踪

余海文 编著　丛书主编 郭艳红

自然：消灭的自然灾难

汕头大学出版社

图书在版编目（CIP）数据

自然：消灭的自然灾难 / 余海文编著. — 汕头：
汕头大学出版社，2015.3（2020.1重印）
（青少年科学探索营 / 郭艳红主编）
ISBN 978-7-5658-1675-8

Ⅰ. ①自… Ⅱ. ①余… Ⅲ. ①自然灾害－青少年读物
Ⅳ. ①X43-49

中国版本图书馆CIP数据核字(2015)第027371号

自然：消灭的自然灾难　　　　　　　　ZIRAN：XIAOMIE DE ZIRAN ZAINAN

编　　著：余海文
丛书主编：郭艳红
责任编辑：胡开祥
封面设计：大华文苑
责任技编：黄东生
出版发行：汕头大学出版社
　　　　　广东省汕头市大学路243号汕头大学校园内　邮政编码：515063
电　　话：0754-82904613
印　　刷：三河市燕春印务有限公司
开　　本：700mm×1000mm　1/16
印　　张：7
字　　数：50千字
版　　次：2015年3月第1版
印　　次：2020年1月第2次印刷
定　　价：29.80元
ISBN 978-7-5658-1675-8

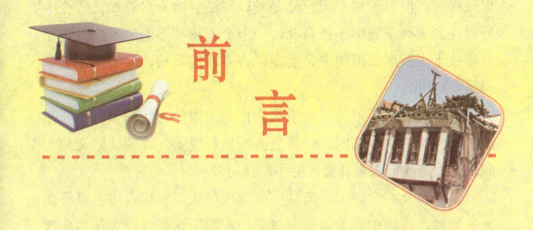

前言

　　科学探索是认识世界的天梯，具有巨大的前进力量。随着科学的萌芽，迎来了人类文明的曙光。随着科学技术的发展，推动了人类社会的进步。随着知识的积累，人类利用自然、改造自然的的能力越来越强，科学越来越广泛而深入地渗透到人们的工作、生产、生活和思维等方面，科学技术成为人类文明程度的主要标志，科学的光芒照耀着我们前进的方向。

　　因此，我们只有通过科学探索，在未知的及已知的领域重新发现，才能创造崭新的天地，才能不断推进人类文明向前发展，才能从必然王国走向自由王国。

　　但是，我们生存世界的奥秘，几乎是无穷无尽，从太空到地球，从宇宙到海洋，真是无奇不有，怪事迭起，奥妙无穷，神秘莫测，许许多多的难解之谜简直不可思议，使我们对自己的生命现象和生存环境捉摸不透。破解这些谜团，有助于我们人类社会向更高层次不断迈进。

　　其实，宇宙世界的丰富多彩与无限魅力就在于那许许多多的难解之谜，使我们不得不密切关注和发出疑问。我们总是不断地去认识它、探索它。虽然今天科学技术的发展日新月异，达到了很高程度，但对于那些奥秘还是难以圆满解答。尽管经过古今中外许许多多科学先驱不断奋斗，一个个奥秘被不断解开，推进了科学技术大发展，但随之又发现了许多新的奥秘，又不得不向新问题发起挑战。

宇宙世界是无限的，科学探索也是无限的，我们只有不断拓展更加广阔的生存空间，破解更多的奥秘现象，才能使之造福于我们人类，我们人类社会才能不断获得发展。

为了普及科学知识，激励广大青少年认识和探索宇宙世界的无穷奥妙，根据中外最新研究成果，编辑了这套《青少年科学探索营》，主要包括基础科学、奥秘世界、未解之谜、神奇探索、科学发现等内容，具有很强系统性、科学性、可读性和新奇性。

本套作品知识全面、内容精炼、图文并茂，形象生动，能够培养我们的科学兴趣和爱好，达到普及科学知识的目的，具有很强的可读性、启发性和知识性，是我们广大青少年读者了解科技、增长知识、开阔视野、提高素质、激发探索和启迪智慧的良好科普读物。

目　录

可怕的洪水灾害

不同类型洪灾的危害

　　洪水灾害是河、湖、海所含的水体上涨，超过常规水位的水流现象。洪水常威胁沿河、滨湖和近海地区的安全，甚至会造成淹没灾害。洪水灾害是我国发生频率高、危害范围广、对国民经济影响最为严重的自然灾害，也是威胁人类生存的十大自然灾害之一。

　　洪水灾害的形成受气候、下垫面等自然因素与人类活动因素

的影响。洪水可分为河流洪水、湖泊洪水和风暴潮洪水等。其中

河流洪水：依照成因的不同，又可分成是雨洪水、山洪、融雪洪水、冰凌洪水、溃坝洪水等五种类型。

暴雨洪水是最常见的威胁最大的洪水。它是由较大强度的降雨形成的，简称雨洪。我国受暴雨洪水威胁的主要地区有73.8万平方千米，分布在长江、黄河、淮河、海河、珠江、松花江、辽河7大江河下游和东南沿海地区。

在中低纬度地带，洪水的发生多由雨形成。大江大河的流域面积大，且有河网、湖泊和水库的调蓄，不同场次的雨在不同支流所形成的洪峰，汇集到干流时，各支流的洪水过程往往相互叠加，组成历时较长涨落较平缓的洪峰。小河的流域面积和河网的调蓄能力较小，一次雨就形成一次涨落迅猛的洪峰。

河流洪水的主要特点是峰高量大，持续时间长，灾害波及范围广。近代的几次大水灾，如长江1931年和1954年大水、珠江

1915年大水、海河1963年大水、淮河1975年大水等，都是这种类型的洪水。

山洪是山区溪沟中发生的暴涨暴落的洪水。由于山区地面和河床坡降都较陡，降雨后产流和汇流都较快，形成急剧涨落的洪峰。所以山洪具有突发性强、水量集中和破坏力强等特点，但灾害波及范围较小。这种洪水如形成固体径流，则称作泥石流。

融雪洪水主要发生在高纬度积雪地区或高山积雪地区。在高纬度严寒地区，冬季积雪较厚，春季气温大幅度升高时，积雪大量融化而形成。

冰凌洪水主要发生在黄河、松花江等北方江河上。由于某些河段由低纬度流向高纬度，在气温上升、河流开冻时，低纬度的上游河段先行开冻，而高纬度的下游河段仍封冻，上游河水和冰块堆积在下游河床，形成冰坝，容易造成灾害。在河流封冻时有可能产生冰凌洪水。

　　溃坝洪水是指大坝或其他挡水建筑物发生瞬时溃决，水体突然涌出，给下游地区造成灾害。这种溃坝洪水虽然范围不太大，但破坏力很大。水库失事时，存蓄的大量水体突然泄放，形成下游河段的水流急剧增涨甚至漫槽成为立波向下游推进，形成这类洪水。

　　冰川堵塞河道、壅高水位，然后突然溃决时，地震或其他原因引起的巨大土体坍滑堵塞河流，使上游的水位急剧上涨，当堵塞坝体被水流冲开时，在下游地区也形成这类洪水。

　　湖泊洪水：由于河湖水量交换或湖面大风作用或两者同时作用，可发生湖泊洪水。吞吐流湖泊，当湖泊洪水遭遇江河洪水入侵时常产生湖泊水位急剧上涨，因盛行风的作用，引起湖水运动而产生风生流，有时可达5米～6米，如北美的苏必利尔湖、密歇根湖和休伦湖等。

在此期间，由于洞庭湖水系和鄱阳湖水系的来水不大，长江中下游干流水位一度回落。

7月21～31日，长江中游地区再度出现大范围强降雨过程。7月21～23日，湖北省武汉市及其周边地区连降特大暴雨；7月24日，洞庭湖水系的沅江和澧水发生大洪水，其中澧水石门水文站洪峰流量每秒19900立方米，为20世纪第二位大洪水。

与此同时，鄱阳湖水系的信江、乐安河也发生大洪水；7月24日，宜昌出现第三次洪峰，流量为每秒51700立方米。长江中下游水位迅速回涨，7月26日之后，石首、监利、莲花塘、螺山、城陵机和湖口等水文站水位再次超过历史最高水位。

8月份，长江中下游及两湖地区水位居高不下，长江上游又接连出现5次洪峰，其中8月7～17日的10天内，连续出现三次洪峰，致使中游水位不断升高。

8月7日，宜昌出现第四次洪峰，流量为每秒63200立方米。8月8日4时，沙市水位达到44.95米，超过1954年分洪水位0.28米。

8月16日，宜昌出现第六次洪峰，流量每秒63300立方米，为1998年的最大洪峰。这次洪峰在向中下游推进过程中，与清江、洞庭湖以及汉江的洪水遭遇，中游各水文站于8月中旬相继达到最高水位。

延 伸 阅 读

据统计，20世纪90年代，我国洪灾造成的直接经济损失约12000亿元人民币，仅1998年就高达2500多亿元人民币。水灾损失占国民生产总值的比例在1%～4%之间，为美国、日本等发达国家的10～20倍。

我国历史上的洪灾

史书上的洪水灾害

据史书记载，我国海河、黄河、淮河、长江和珠江等主要河流发生洪涝灾害的情况是：

海河：从1368～1948年约500多年间，共发生水灾387次，平均每三年中有两年发生水灾。

黄河：自公元前602年以来的2600多年间，决口达1593次，重大改道26次。

淮河：从1470年以来比较完整的资料统计分析，500多年来共发生较大水灾350多次，其中流域性的重大洪水近20次。

长江：中下游自公元前185年至1911年的2000多年中，曾发生大小水灾214次，平均10年一次；自1921年来，发生较大洪水12次，约6年一次。

珠江：自汉代以来共发生较大范围洪水408次。其中下游沿岸地势平坦，洪水灾害更为频繁，平均30～40年一次大灾，2～3年一次小灾。

20世纪的洪水灾害

20世纪最大洪水灾害有5次，分别是1931年、1954年、1991年、1992年和1998年大水灾。

1931年，我国发生特大水灾，有16个省受灾，其中最严重的是安徽、江西、江苏、湖北和湖南5省，山东、河北和浙江次之。8省受灾面积达14170万亩，这次大水灾祸不单行，还伴有其他自然灾害，加上社会动荡，受灾人口达1亿人，死亡370万人，令人触目惊心。

1954年洪水全国受灾面积达2.4亿亩，成灾面积1.7亿亩。长江洪水淹没耕地4700余万亩，死亡3.3万人，京广铁路行车受阻100天。

1991年，全国气候异常，西太平洋副热带高压长时间滞留在长江以南，江淮流域入梅早、雨势猛、历时长，淮河发生了自1949年以来的第二位大洪水，3个蓄洪区、14个行洪区先后启用；太湖出现了有史以来的最高水位4.79米。

    长江支流滁河、澧水和乌江部分支流及鄂东地区中小河流举水等相继出现近40余年来最大洪水；松花江干流发生两次大洪水，哈尔滨站最大流量10700立方米/秒，佳木斯站最大流量15300立方米/秒，分别为1949年以来第三位和第二位。

    据统计，全国有28个省、市、自治区不同程度遭受水灾，农田受灾2459.6万公顷，成灾1461.4万公顷，倒房497.9万间，死亡5113人，直接经济损失779.08亿元。其中皖、苏两省灾情最重，合计农田受灾966.5万公顷，成灾672.8万公顷，死亡1163人，倒房349.3万间，直接经济损失484亿元，各占全国总数的39%、46%、23%、70%和62%。

1992年，闽江发生50年一遇的特大洪水，十里庵站洪峰流量27500立方米/秒，竹岐站洪峰流量30300立方米/秒。闽江流域遭受较严重水灾。

钱塘江上游出现1949年以来第二位大洪水，兰溪站洪峰流量12100立方米/秒，沿江县市受灾较重。此外，大渡河、湘江、信江、漓江及黄河中上游部分地区也发生了较大洪水，造成了较严重的洪涝灾害。

1998年，一场世纪末的大洪灾几乎席卷了大半个中国，长江、嫩江、松花江等大江大河洪波汹涌，水位陡涨。800万军民与洪水进行着殊死搏斗。据统计，当年全国共有29个省区遭受了不同程度的洪涝灾害，直接经济损失高达1666亿元。

其他重大水灾有：1958年，黄河郑州花园口出现特大洪水，郑州黄河铁桥被冲毁。1963年，海河流域遭历史上罕见的洪水，受灾面积达6145万亩，减产粮食60多亿斤。1982年，长江最长的支流汉江遭特大洪水，安康老城被淹，损失惨重。

延 伸 阅 读

1870年7月上旬，嘉陵江流域和三峡区间发生长时间大雨和暴雨，雨区缓慢东移，嘉陵江洪水与三峡区间洪水遭遇，造成了1153年以来最大洪水。据统计，湖北省、湖南省共有50余州县遭受严重水灾。

凶猛的泥石流灾害

泥石流造成的危害

　　泥石流是山区沟谷中，由暴雨、冰雪融水等水源激发的，含有大量的泥沙、石块的特殊洪流。其特征往往是突然暴发，浑浊的流体沿着陡峻的山沟前推后拥，奔腾咆哮而下，地面为之震动、山谷犹如雷鸣。

　　泥石流在很短时间内将大量泥沙、石块冲出沟外，在宽阔的堆积区横冲直撞、漫流堆积，常常给人类生命财产造成重大危害。

　　泥石流暴发突然、来势凶猛、迅速，并兼有崩塌、滑坡和洪水破坏的双重作用，其危害程度比单一的崩塌、滑坡和洪水的危害更为广

泛和严重。

　　它对人类的危害具体表现在如下四个方面：

　　对居民点的危害。泥石流最常见的危害之一，是冲进乡村、城镇，摧毁房屋、工厂、企事业单位及其他场所设施。淹没人畜、毁坏土地，甚至造成村毁人亡的灾难。如1969年8月，云南大盈江流域弄璋区南拱泥石流，使新章金、老章金两村被毁，97人丧生，经济损失近百万元。

　　对公路、铁路的危害。泥石流可直接埋没车站、铁路和公路，摧毁路基、桥涵等设施，致使交通中断，还可引起正在运行的火车、汽车颠覆，造成重大的人身伤亡事故。有时泥石流汇入河道，引起河道大幅度变迁，间接毁坏公路、铁路及其他构筑物，甚至迫使道路改线，造成巨大的经济损失。如甘川公路394千米处对岸的石门沟，1978年7月暴发泥石流，堵塞白龙江，公路因此被淹1000米，白龙江改道使长约2000米的路基变成了主河道，公路、护岸及渡槽全部被毁。该段线路自1962年以来，由于受对岸泥石流的影响已被迫改线三次。新中国成立以来，泥石流给我国铁路和公路造成了无法估计的巨大损失。

对水利、水电工程的危害。主要是冲毁水电站、引水渠道及过沟建筑物，淤埋水电站尾水渠，并淤积水库、磨蚀坝面等。

对矿山的危害。主要是摧毁矿山及其设施，淤埋矿山坑道、伤害矿山人员、造成停工停产，甚至使矿山报废。

泥石流是怎样形成的

泥石流的形成必须同时具备以下3个条件：陡峻的便于集水、集物的地形地貌；有丰富的松散物质；短时间内有大量的水源。

地形地貌条件：在地形上具备山高沟深，地形陡峻，沟床纵度降大，流域形状便于水流汇集。

在地貌上，泥石流的地貌一般可分为形成区、流通区和堆积

区三部分。上游形成区的地形多为三面环山、一面出口的瓢状或漏斗状，地形比较开阔、周围山高坡陡、山体破碎、植被生长不良，这样的地形有利于水和碎屑物质的集中；中游流通区的地形多为狭窄陡深的峡谷，谷床纵坡降大，使泥石流能迅猛直泻；下游堆积区的地形为开阔平坦的山前平原或河谷阶地，使堆积物有堆积场所。

松散物质来源条件：泥石流常发生于地质构造复杂、断裂褶皱发育、新构造活动强烈、地震烈度较高的地区。

地表岩石破碎，崩塌、错落、滑坡等不良地质现象发育，为泥石流的形成提供了丰富的固体物质来源；另外，岩层结构松散、软弱、易于风化、节理发育或软硬相间成层的地区，因易受破坏，也能为泥石流提供丰富的碎屑物来源；一些人类工程活动，如滥伐森林造成水土流失，开山采矿、采石弃渣等，往往也为泥石流提供大量的物质来源。

水源条件：水既是泥石流的重要组成部分，又是泥石流的激发条件和搬运介质(动力来源)。泥石

流的水源，有暴雨、冰雪融水和水库(池)溃决水体等形式。我国泥石流的水源主要是暴雨和长时间的连续降雨等。

泥石流发生的规律

季节性 我国泥石流的暴发主要是受连续降雨、暴雨，尤其是特大暴雨集中降雨的激发。因此，泥石流发生的时间规律是与集中降雨时间规律相一致，具有明显的季节性。一般发生在多雨的夏秋季节。

因集中降雨的时间的差异而有所不同。四川、云南等西南地区的降雨多集中在6～9月，因此，西南地区的泥石流多发生在6～9月；而西北地区降雨多集中在6、7、8三个月，尤其是7月和8

月降雨相对集中，暴雨强度大，因此西北地区的泥石流多发生在7月和8月。

据不完全统计，发生在7月和8月的泥石流灾害约占该地区全部泥石流灾害的90%以上。

周期性　泥石流的发生受暴雨、洪水和地震的影响，而暴雨、洪水和地震总是周期性地出现。因此，泥石流的发生和发展也具有一定的周期性，且其活动周期与暴雨、洪水和地震的活动周期大体一致。

当暴雨、洪水两者的活动周期相叠加时，常常形成泥石流活动的一个高潮。如从1966年开始云南省东川地区开始了长达十几年的强震期，使东川泥石流的发展加剧。仅东川铁路在1970～1981年的11年中就发生泥石流灾害250余次。

在1981年，东川达德线泥石流、成昆铁路利子伊达泥石流、宝成铁路和宝天铁路的泥石流，都是在大周期暴雨的情况下发生的。

泥石流的发生，一般是在一次降雨的高峰期，或是在连续降雨稍后时间。

泥石流的主要类型

泥石流按其物质成分可分为三类：由大量黏性土和粒径不等的砂粒、石块组成的叫泥石流；以黏性土为主，含少量砂粒、石块，黏度大，呈稠泥状的叫泥流；由水和大小不等的砂粒、石块组成的称之水石流。

泥石流按其物质状态可分为两类：一是黏性泥石流，即含大量黏性土的泥石流或泥流，其特征是：黏性大，固体物质占40%~60%，最高达80%。

其中的水不是搬运介质，而是组成物质，稠度大，石块呈悬浮状态，暴发突然，持续时间亦短，破坏力大。二是稀性泥石流，以水为主要成分，黏性土含量少，固体物质占10%～40%，有很大分散性。水为搬运介质，石块以滚动或跃移方式前进，具有强烈的下切作用。其堆积物在堆积区呈扇状散流，停积后似"石海"。

除此之外还有多种分类方法。如按泥石流的成因分类有：冰川型泥石流、降雨型泥石流；按泥石流流域大小分类有：大型泥石流、中型泥石流和小型泥石流；按泥石流发展阶段分类有：发展期泥石流、旺盛期泥石流和衰退期泥石流等。

泥石流的分布地带

我国泥石流的分布，明显受地形、地质和降水条件的控制。特别是在地形条件上表现得更为明显。

泥石流在我国集中分布在两个带上：一是青藏高原与次一级的高原与盆地之间的接触带；另一个是上述的高原、盆地与东部的低山丘陵或平原的过渡带。

　　在上述两个带中，泥石流又集中分布在一些大断裂、深大断裂发育的河流沟谷两侧。这是我国泥石流的密度最大、活动最频繁和危害最严重的地带。

　　在各大型构造带中，具有高频率的泥石流，又往往集中在板岩、片岩、片麻岩、混合花岗岩、千枚岩等变质岩系及泥岩、页岩、泥灰岩、煤系等软弱岩系和第四系堆积物分布区。

　　泥石流的分布还与大气降水、冰雪融化的显著特征密切相关。即高频率的泥石流，主要分布在气候干湿季较明显、较暖湿、局部暴雨强大、冰雪融化快的地区，如云南、四川、甘肃和西藏等；低频率的稀性泥石流主要分布在东北和南方地区。

　　泥石流的活动强度主要与地形地貌、地质环境和水文气象条件三个方面的因素有关。比如崩塌、滑坡和岩堆群落地区，岩石破碎、风化程度深，则易成为泥石流固体物质的补给源；沟谷的

长度较大、汇水面积大和纵向坡度较陡等因素为泥石流的流通提供了条件；水文气象因素直接提供水动力条件。

往往大强度、短时间出现暴雨容易形成泥石流，其强度显然与暴雨的强度密切相关。

泥石流产生的原因

由于工农业生产的发展，人类对自然资源的开发程度和规模也在不断发展。当人类经济活动违反自然规律时，必然引起大自然的报复，有些泥石流的发生，就是由于人类不合理的开发而造成的。

近年来，因为人为因素诱发的泥石流数量正在不断增加。可能诱发泥石流的人类工程经济活动主要有以下几个方面：

不合理开挖。修建铁路、公路、水渠以及其他工程建筑的不合理开挖。有些泥石流就是在修建公路、水渠、铁路以及其他建筑活动时破坏了山坡表面而形成的。

如云南省东川至昆明公路的老干沟，因修公路及水渠，使山体破坏，加之1966年犀牛山地震又形成崩塌、滑坡，致使泥石流更加严重。又如香港多年来修建了许多大型工程和地面建筑，几乎每个工程都要劈山填海或填方，才能获得合适的建筑场地。1972年一次暴雨，使正在挖掘工程现场施工的120人死于滑坡造成的泥石流。

不合理的弃土、弃渣和采石。这种行为形成的泥石流的事例很多。如四川冕宁县泸沽铁矿汉罗沟，因不合理堆放弃土、矿渣，1972年一场大雨引发了矿山泥石流，冲出松散固体物质约10万立方米，淤埋成昆铁路300米和喜—西公路250米，造成中断行车，给交通运输带来严重损失。又如甘川公路西水附近，1973年冬在沿公路的沟内开采石料，1974年7月18日发生泥石流，使15

座桥涵淤塞。

滥伐乱垦。滥伐乱垦会使植被消失，山坡失去保护、土体疏松、冲沟发育，大大加重水土流失，进而山坡的稳定性被破坏，崩塌、滑坡等不良地质现象发育，结果就很容易产生泥石流。

例如，甘肃白龙江中游现在是我国著名的泥石流多发区。而在一千多年前，那里竹树茂密、山清水秀，后因伐木烧炭、烧山开荒，森林被破坏，才造成泥石流泛滥。又如甘川公路石坳子沟山上大耳头，原是森林区，因毁林开荒，1976年发生泥石流毁坏了下游村庄、公路，造成人民生命财产的严重损失。当地群众说："山上开亩荒，山下冲个光"。

如何预防泥石流

实践表明，有些泥石流是可以避免的。那么，我们到底应

该怎样去避免泥石流对人类的伤害呢？具体可从以下几个方面去做：

一是修建桥梁、涵洞时，从泥石流沟的上方跨越通过，让泥石流在其下方排泄，用以避防泥石流。这是铁路和公路交通部门为了保障交通安全常用的措施。

二是在修隧道、明洞或渡槽时，从泥石流的下方通过，让泥石流从其上方排泄。这也是铁路和公路通过泥石流地区的又一主要工程形式。

三是对泥石流易发地区的桥梁、隧道、路基及泥石流集中的山区、变迁型河流的沿河线路或其他主要工程，做一定的防护建筑物，用以抵御或消除泥石流对主体建筑物的冲刷、冲击、侧蚀和淤埋等的危害。防护建筑物主要有护坡、挡墙、顺坝和丁坝等。

四是改善泥石流流势，增大桥梁等建筑物的排泄能力，使泥石流按设计意图顺利排泄。排导工程包括导流堤、急流槽和束流堤等。

五是修建拦挡工程，用以控制泥石流的固体物质和暴雨、洪水径流，削弱泥石流的流量、下泄量和能量，以减少泥石流对下游建筑工程的冲刷、撞击和淤埋等危害。

拦挡措施有拦渣坝、储淤场、支挡工程和截洪工程等。对于防治泥石流，常采用多种措施相结合，比用单一措施更为有效。

如何预报泥石流灾害

泥石流的预测预报工作很重要，这是防灾和减灾的重要步骤

和措施。目前我国对泥石流的预测预报研究常采取以下方法：

在典型的泥石流沟进行定点观测研究，力求解决泥石流的形成与运动参数问题。如对云南东川市小江流域蒋家沟、大桥沟等泥石流的观测试验研究和对四川汉源县沙河泥石流的观测研究等。

调查潜在泥石流沟的有关参数和特征，加强水文、气象的预报工作，特别是对小范围的局部暴雨的预报。因为暴雨是形成泥石流的激发因素。比如，当月降雨量超过350毫米时，日降雨量超过150毫米时，就应发出泥石流警报。

建立泥石流技术档案，特别是大型泥石流沟的流域要素、形成条件、灾害情况及整治措施等资料应逐个详细记录，并解决信

息接收和传递等问题。

　　划分泥石流的危险区、潜在危险区或进行泥石流灾害敏感度分区；开展泥石流防灾警报器的研究及室内泥石流模型试验研究。

延 伸 阅 读

　　世界泥石流多发地带为环太平洋褶皱山区、阿尔卑斯一喜马拉雅褶皱带、欧亚大陆内部的一些褶皱山区。据统计，近50多个国家存在泥石流的潜在威胁，其中比较严重的有哥伦比亚、秘鲁、瑞士、中国和日本等。

不期而至的雪崩灾害

突然发生的雪崩

积雪的山坡上，当积雪内部的内聚力抗拒不了它所受到的重力拉引时，便向下滑动，引起大量雪体崩塌，人们把这种自然现象称作雪崩。也有的地方把它叫作"雪塌方""雪流沙"或"推山雪"。

雪崩，每每是从宁静的、覆盖着白雪的山坡上部开始的。突然间，"咔嚓"一声，勉强能听见的这种声音告诉人们这里的雪层断裂了。先是出现一条裂缝，接着，巨大的雪体开始滑动。雪体

在向下滑动的过程中，迅速获得了速度。于是，雪崩体变成一条几乎是直泻而下的白色雪龙，腾云驾雾，呼啸着声势凌厉地向山下冲去。

雪崩是一种所有雪山都会有的地表冰雪迁移过程，它们不停地从山体高处借重力作用顺山坡向山下崩塌，崩塌时速度可以达20米/秒～30米/秒，具有突然性、运动速度快、破坏力大等特点。

它能摧毁大片森林，掩埋房舍、交通线路、通讯设施和车辆，甚至能堵截河流，发生临时性的涨水。同时，它还能引起山体滑坡、山崩和泥石流等可怕的自然现象。因此，雪崩被人们列为积雪山区的一种严重自然灾害。

雪崩产生的危害

雪崩对登山者、当地居民和旅游者是一种很严重的威胁。

在高山探险遇到的危险中，雪崩造成的危害是最为惨烈的，常常造成"全军覆没"，因雪崩遇难的人要占全部高山遇难的

1/3～1/2。

但是，探险者遭遇雪崩的地理位置不同，危险性也不一样。如果所遇雪崩处正是在雪崩的通过区，危险要小一些，如果被雪崩带到堆积区，生还的几率就很小了。

雪崩摧毁森林和度假胜地，也会给当地的旅游经济造成非常大的经济影响。

雪崩造成的破坏

通常雪崩从山顶上暴发，在它向山下移动时，以极高的速度从高处呼啸而下，用巨大的力量将它所过之处的一切扫荡净尽，直到广阔的平原上它的力量才消失。

雪崩一旦发生，其势不可阻挡。这种"白色死神"的重量可达数百万吨。有些雪崩中还夹带大量空气，这样的雪崩流动性更大，有时甚至可以冲过峡谷，到达对面的山坡上。

比起泥石流、洪水和地震等灾难发生时的狰狞，雪崩真的可

以形容为美得惊人。

雪崩发生前，大地总是静悄悄的，然后随着轻轻的一声"咔嚓"，雪层断裂，层层叠叠的雪块、雪板应声而起，好像山神突然发动内力震掉了身上的一件白袍，又好像一条白色雪龙腾云驾雾，顺着山势呼啸而下，直到山势变缓。

但是，美只是雪崩喜欢示人的一面，就在美的背后隐藏的却是可以摧毁一切的恐怖。领教过其威力的人更愿意称它为"白色妖魔"。

的确，雪崩的冲击力量是非常惊人的。它会以极快的速度和巨大的力量卷走眼前的一切。有些雪崩会产生足以横扫一切的粉末状摧毁性雪云。

据测算，一次高速运动的雪崩，会给每平方米的被打物体表面带来40吨～50吨的力量。世界上根本就没有哪种物体，能经得住这样的冲击。

1981年4月12日，一块体积约一栋房子那么大的冰块从阿拉斯加的三佛火山顶部冰川上滑下，落在旁边的雪坡上，造成数百万吨雪迅速下滚，将沿途13千米地区全部摧毁。

据有关专家指出，该雪崩产生了长达160千米的粉末状雪云，是迄今为止最为严重的一次。事实上，一旦这种时速可高达400千米、足以吞没整座城市的自然怪物开始行动，我们就只能束手就擒了。

了解雪崩的人应该知道，其实在雪崩中，比雪崩本身更可怕的是雪崩前面的气浪。因为雪崩是从高处以很大的势能向下运动，如从6000米高处向下坠落或滑落，会引起空气的剧烈振荡，故有极快的速度甚至会形成一层气浪。

这种气浪有些类似于原子弹爆炸时产生的冲击波。雪流能驱赶着它前面的气浪，而这种气浪的冲击比雪流本身的打击更加危险，气浪所到之处，房屋被毁，树木消失，人会窒息而死。因此有时雪崩体本身未到而气浪已把前进路上的一切阻挡物冲得人仰马翻。

1970年的秘鲁大雪崩中，雪崩体在不到3分钟时间里飞跑了14.5千米，速度接近于90米/秒，比12级台风擅长的32.5米/秒的奔跑速度还要快得多。这次雪崩引起的气浪，把地面上的岩石的碎屑席卷上天，竟然叮叮咚咚地下了一阵"石雨"。

雪崩产生的原因

雪崩常常发生于山地，有些雪崩是在特大雪暴中产生的，但常见的是在积雪堆积过厚、超过了山坡面的摩擦阻力时发生的。

雪崩的原因之一，是在雪堆下面缓慢地形成了深部"白霜"，这是一种冰的六角形杯状晶体，与我们通常所见的冰碴相似。

这种白霜的形成是因为雪粒的蒸发所造成，它们比上部的积雪要松散得多，在地面或下部积雪与上层积雪之间形成一个软弱带，当上部积雪开始顺山坡向下滑动，这个软弱带起着润滑的作用，不仅加速雪下滑的速度，而且还带动周围没有滑动的积雪。

人们可能察觉不到，其实在雪山上一直都进行着一种较量：重力一定要将雪向下拉，而积雪的内

聚力却希望能把雪留在原地。

当这种较量达到高潮的时候，哪怕是一点点外界的力量，比如动物的奔跑、滚落的石块、刮风或轻微地震动，甚至在山谷中大喊一声，只要压力超过了将雪粒凝结成团的内聚力，就足以引发一场灾难性雪崩。

例如风不仅会造成雪的大量堆积，还会引起雪粒凝结，形成硬而脆的雪层，致使上面的雪层可以沿着下面的雪层滑动，发生雪崩。

然而，除了山坡形态，雪崩在很大程度上还取决于人类活动。据专家估计，90%的雪崩都由受害者或者他们的队友造成，这种雪崩被称为"人为休闲雪崩"。

滑雪、徒步旅行或其他冬季运动爱好者经常会在不经意间成为雪崩的导火索。而人被雪堆掩埋后，如果半个小时内不能获救的话，生还希望就很渺茫了。

我们经常会看到这样的报道，说某某人在滑雪时遭遇雪崩，不幸遇难。但那时，雪崩到底是主动伤人，还是在人的运动影响下迫不得已发生就不得而知了。

雪崩发生的规律

雪崩的发生是有规律可循的。大多数的雪崩都发生在冬天或者春天降雪非常大的时候。

尤其是暴风雪暴发前后。这时的雪非常松软，黏合力比较小，一旦一小块被破坏了，剩下的部分就会像一盘散沙或是多米诺骨牌一样，产生连锁反应而飞速下滑。

春季，由于解冻期长，气温升高时，积雪表面融化，雪水就会一滴滴地渗透到雪层深处，让原本结实的雪变得松散起来，大大降低积雪之间的内聚力和抗断强度，使雪层之间很容易产生滑动。

雪崩的严重性取决于雪的体积、温度和山坡走向，尤其重要的是坡度。最可怕的雪崩往往产生于倾斜度为25°～50°的山坡。如果山势过于陡峭，就不会形成足够厚的积雪，而斜度过小的山坡也不太可能产生雪崩。

和洪水一样，雪崩也是可重复发生的现象，也就是说如果在某地发生了雪崩，完全有可能不久后它又卷土重来。有可能每下一场雪、每一年或是每个世纪都在同一地点发生一次雪崩，这一切都取决于山坡的地形特点和某些气候因素。

雪崩发生的多少跟气候和地形也有关系。天山中部冬季积雪和雪崩经常阻断山区公路。而念青唐古拉山和横断山地经常发生的雪崩是供给现代冰川发育的重要来源之一。

在这种地区选择合适的登山时间就比较苛刻。与此同时，在我国西部靠近内陆的昆仑山、唐古拉山和祁连山等山地，降水量比较少，没有明显的旱季和雨季之分，雪崩可能也就比较少，选择合适的登山时间也就比较宽裕。

另外，这些内陆山地相对高度较低，一般都在1000米～1500

米，故山地的坡度也比较缓和。而喜马拉雅山、喀喇昆仑山相对高度在3000米～4000米，甚至达到5000米～6000米，故山地坡度较陡，发生雪崩的可能性和雪崩的势能也就更大。

雪崩的发生还有空间和时间上的规律。就我国高山而言，西南边界上的高山如喜马拉雅山、念青唐古拉山以及横断山地，因主要受印度洋季风控制，除有雨季和旱季之分外，全年降水都比较丰富，高山上部得到的冬春降雪和积雪也比较多，故易发生雪崩。

此外，天山、阿尔泰山因受北冰洋极地气团的影响，冬春降水也比较多，所以这个季节雪崩也比较多。

雪崩的三个区段

雪崩的形成和发展可分为三个区段，即形成区、通过区和堆积区。

雪崩的形成区大多在高山上部，积雪多而厚的部位。比如，高高的雪檐，坡度超过50°～60°的雪坡，悬冰川的下端等地貌部位，都是雪崩的形成区。

雪崩的通过区紧接在形成区的下面，常是一条从上而下直直的U形沟槽，由于经常有雪崩通过，尽管被白雪覆盖，槽内仍非常平滑，基本上没有大的起伏或障碍物，长可达几百米，宽20～30米或稍大一些，但不会太宽，否则滑下的冰雪就不会很集中，形成不了大的雪崩。

堆积区是紧接在通过区的下面，是在山脚处因坡度突然变缓而使雪崩体停下来的地方，从地貌形态上看多呈锥体，所以也叫雪崩锥或雪崩堆。

雪崩的主要类型

雪崩分湿雪崩（又称块雪崩）和干雪崩（又称粉雪崩）两种。它们的形成和发生有不同的地貌和气候条件。

湿雪崩是最危险的，湿雪崩一般发生于一场降水以后数天，因表面雪层融化又渗入下层雪中并重新冻结，形成了"湿雪层"。

在冬天或春天，下雪后温度会持续快速升高，这使新的湿雪

层不可能很容易就吸附于密度更小的原有的冰雪上，于是便向下滑动，产生了雪崩。

湿雪崩都是块状，速度较慢，重量大，质地密，在雪坡上像墨渍似的，愈变愈大，因此摧毁力也更强。

这种块雪崩的形成区通常在坡度稍缓的雪坡上。因为陡坡上的松散的雪要几乎崩完了，才会轮到相对的缓坡，发生块雪崩。它的下滑速度比"空降雪崩"慢，沿途带起树木和岩石，产生更大的雪砾。

但一旦卷入块状的雪崩体中，就绝不会有像遇到干雪崩那样幸运了。而且它一旦停止下来会立即凝固，往往令抢救工作十分困难。

干雪崩夹带大量空气，因此它会像流体一样。这种雪崩速度极高，它们从高山上飞腾而下，转眼吞没一切，它们甚至在冲下山坡后再冲上对面的高坡。

一般而言，大雪刚停，山上的雪还没来得及融化，或在融化的水又渗入下层雪中再形成冻结之前，这时的雪是"干"的，也是"粉"的。

当此种雪发生雪崩时，气浪很大底层也容易生成气垫层。探险队遭遇此类雪崩时，人可以被裹入雪崩体中并随雪崩飞泻而下。但是干雪崩和粉雪崩对探险者致命的威胁相对较小。

几种雪崩的形式

山坡雪下滑时，有时像一堆尚未凝固的水泥般缓缓流动，偶尔会被障碍物挡住去路，有时大量积雪急滑或崩泻，挟着强大气流冲下山坡，会形成较少见的板状雪崩。

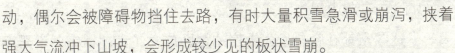

松软的雪片崩落。降在背风斜坡的雪不像山脚下的雪那样堆积紧实，在斜坡背后会形成缝隙缺口。它给人的感觉是很硬实和安全，但最细微的干扰或者像一声来复枪响的动静，就能使雪片发生崩落。

坚固的雪片崩落。这种情况下的雪片有一种欺骗性的坚固表面，有时走在上面能产生隆隆的声音。它经常由于大风和温度猛然下降造成。爬山者和滑雪者的运动就像一个扳机，能使整个雪

块或大量危险冰块崩落。

空降雪崩。在严寒干燥的环境中，持续不断新下的雪落在已有的坚固的冰面上可能会引发雪片崩落，这些粉状雪片以每秒90米的速度下落。覆盖住口和鼻还有生存的机会，被淹没后吸入大量雪就会引起死亡。

雪崩的预防与研究

对雪崩可以采取人工控制的方法加以预防。人们总结了很多经验教训后，对雪崩已经有了一些防范的手段。比如对一些危险区域发射炮弹，实施爆炸，提前引发积雪还不算多的雪崩，设专人监视并预报雪崩等。

如阿尔卑斯山周边国家和挪威、冰岛、日本、美国以及加拿大等发达国家都在容易发生雪崩的地区成立了专门组织，设有专门的监测人员，探察它形成的自然规律及预防措施。

个人或登山者遇上雪崩是很危险的，在雪地活动的人必须注意以下几点：

1.探险者应避免走雪崩区。实在无法避免时，应采取横穿路线，切不可顺着雪崩槽攀登。

2.在横穿时要以最快的速度走过，并设专门的瞭望哨紧盯雪崩可能的发生区，一有雪崩迹象或已发生雪崩要大声警告，以便赶紧采取自救措施。

3.大雪刚过，或连续下几场雪后切勿上山。此时，新下的雪或上层的积雪很不牢固，稍有扰动都足以触发雪崩。大雪之后常常伴有好天气，必须放弃好天气等待雪崩过去。

4.如必须穿越雪崩区，应在上午10时以后再穿越。因为，此时太阳已照射雪山一段时间了，这时发生雪崩的可能性更大，这样也可以减少危险。

5.天气时冷时暖，天气转晴，或春天开始融雪时，积雪变得很不稳固，很容易发生雪崩。

6.不要在陡坡上活动。因为雪崩通常是向下移动，在1：5的斜坡上，即可发生雪崩。

7.高山探险时，无论是选择登山路线或营地，应尽量避免背风坡。因为背风坡容易积累从迎风坡吹来的积雪，也容易发生雪崩。

8.行军时如有可能应尽量走山脊线，走在山体最高处。如必

须穿越斜坡地带，切勿单独行动，也不要挤在一起行动，应一个接一个地走，后一个出发的人应与前一个保持一段可观察到的安全距离。

9.在选择行军路线或营地时，要警惕所选择的平地。因为在陡峻的高山区，雪崩堆积区最容易表现为相对平坦之地。

10.注意雪崩的先兆，例如冰雪破裂声或低沉的轰鸣声，雪球下滚或仰望山上见有云状的灰白尘埃。雪崩经过的道路，可依据峭壁、比较光滑的地带或极少有树的山坡的断层等地形特征辨认出来。

11.在高山行军和休息时，不要大声说话，以减少因空气震动而触发雪崩。行军中最好每一个队员身上系一根红布条，以备万一遭雪崩时易于被发现。

遇到雪崩的急救措施

不论发生哪一种情况，必须马上远离雪崩的路线。判断当时形势，出于本能，会直朝山下跑，但冰雪也向山下崩落，而且时速达到200千米，向下跑反而危险，可能被冰雪埋住；向旁边跑较为安全，这样，能避开雪崩，可以跑到较高的地方。

抛弃身上所有笨重物品，如背包、滑雪板和滑雪杖等，带着这些物件，倘若陷在雪中，活动起来会更加困难；切勿用滑雪的办法逃生，不过，如处于雪崩路线的边缘，则可疾驶逃出险境；如果给雪崩赶上，无法摆脱，切记闭口屏息，以免冰雪涌入咽喉和肺引发窒息。

抓紧山坡旁任何稳固的东西，如矗立的岩石。即使有一阵子陷入其中，但冰雪终究会泻完，那时便可脱险了。

如果被雪崩冲下山坡，要尽力爬上雪堆表面，平躺，用爬行姿势在雪崩面的底部活动，休息时尽可能在身边挖一个大的洞穴。

　　在雪凝固前，试着到达表面。扔掉你一直不能放弃的背包——它将在你被挖出时妨碍你抽身。节省力气，当听到有人来时大声呼叫。同时以俯泳、仰泳或狗爬法逆流而上，逃向雪流的边缘。被雪掩埋时，冷静下来，让口水流出从而判断上下方，然后奋力向上挖掘。逆流而上时，也许要用双手挡住石头和冰块，但一定要设法爬上雪堆表面。

延　伸　阅　读

　　冰崩包括冰塔和冰壁崩塌，通常由于中午较热或冰川运动引发。可能引发下方雪坡的大规模雪崩，从而导致整面山体的巨大雪崩。无法预料冰崩的时间和规模，但是通过长时间的观察可以预料这座山的冰崩的情况。

海冰灾害的危害

海冰的形成和性质

　　海冰指直接由海水冻结而成的咸水冰，也包括进入海洋中的大陆冰川、河冰及湖冰。咸水冰是固体冰和卤水等组成的混合物，其盐度比海水低2%～10%，物理性质不同于淡水冰。

　　海冰的抗压强度主要取决于海冰的盐度、温度和冰龄。通常新冰比老冰的抗压强度大，低盐度的海冰比高盐度的海冰抗压强度大，所以海冰不如淡水冰密度坚硬，在一般情况下海冰坚固程度约为淡水冰的75%，人在5厘米厚的河冰上面可以安全行走，而

在海冰上面安全行走则要有7厘米厚。

当然，冰的温度愈低，抗压强度也愈大。1969年渤海特大冰封时期，为解救船只，空军曾在60厘米厚的堆积冰层上投放30千克炸药包，结果还是没有炸破冰层。

海冰的巨大危害

漂浮在海洋上的巨大冰块和冰山，受风力和洋流作用而产生的运动，其推力与冰块的大小和流速有关。1971年冬，据位于我国渤海湾的新"海二井"平台上观测结果计算出一块6000米见方、高度为1.5米的大冰块，在流速不太大的情况下，其推力可达4000吨，足以推倒石油平台等海上工程建筑物。海冰对港口和海上船舶的破坏力，除上述推压力外，还有海冰胀压力造成的破坏。经计算，海冰温度每降低1.5℃时，1000米长的海冰就能膨胀出0.45米，这种胀压力可以使冰中的船只变形而受损；此外，还有冰的竖向力，冻结在海上建筑物的海冰受潮汐升降引起的竖向力，往往会造成建筑物基础的破坏。

1912年4月14日，45000吨的"泰坦尼克"号大型豪华游船，撞上了冰山，遭到灭顶之灾，使1500余人遇难。这是20世纪海冰造成的最大灾难之一。

1969年2月到3月间，我国渤海曾发生严重冰封，整个渤海几乎全被冰覆盖，港口封冻，航道阻塞，海上石油钻井平台被冰推倒，海上航船被冰破坏，万吨级的货轮被冰挟持，随冰漂流达4天之久，海上活动几乎全部停止。

渤海特大冰封期间，流冰摧毁了由15根2.2厘米厚锰钢板制作的直径0.85米、长41米、打入海底28米深的空心圆筒桩柱全钢结构的"海二井"石油平台，另一个重500吨的"海一井"平台支座拉筋全部被海冰割断，可见海冰的破坏力对船舶、海洋工程建筑物带来的灾害是多么严重。

海冰的分类和分布

海冰其按形成和发展阶段分为：初生冰、尼罗冰、饼冰、初期冰、一年冰和多年冰。

按运动状态分为固定冰和浮冰。前者与海岸、岛屿或海底冻结在一起，多分布于沿岸或岛屿附近，其宽度可从海岸向外延伸数米至数百千米；后者自由漂浮于海面，随风、浪或海流而漂泊。

海冰具有显著的季节和年际变化。北半球冰界以3～4月最大，面积约1100万平方千米，8～9月最小，约700万平方千米～800万平方千米，流冰群主要绕洋盆边缘流动，多为3米～4米厚的多年冰。

南半球冰区以9月最大，面积1880万平方千米，3月最小，面积约260万平方千米，多为2米～3米厚的"一年冰"。

海冰对海洋水文要素的垂直分布、海水运动、海洋热状况及大洋底层水的形成有重要影响；对航运、建港也构成一定威胁。

我国渤海和黄海北部，每年冬季皆有不同程度的结冰现象，且冰缘线与岸线平行；常年冰期约3～4个月，盛冰期固定冰宽0.2千米～2千米；北部冰厚多为20厘米～40厘米，南部为10厘米～30厘米，对航行及海洋资源开发影响不大。

延 伸 阅 读

南极洲是世界上最大的天然冰库，全球冰雪总量的90%以上储藏在这里。南极洲附近的冰山，是南极大陆周围的冰川断裂入海而成的。出现在南半球水域里的冰山，长宽往往有几百千米，高几百米，犹如一座冰岛。

难测的火山灾害

火山爆发造成灾难

火山喷发是地球上最壮丽的自然景观，但又是人类的一大灾害。每次大规模的火山喷发，除了有人员伤亡外，都有大量的火山灰、烟尘和气体冲上高空，甚至进入大气同温层，使气候发生异常，造成一系列灾难。

每次火山喷发持续时间长短不一，短的只有几天、几个月，长的可延续数年、数十年，甚至数百年。

统计表明，全球目前有大约500座活火山，其中有近70座在水下，其余均分布在陆地上。在地球上几乎每年都有不同规模和程度的火山喷发，给人类活动和生存带来了很大的危害。

地球上大约有1/4的人口生活在火山活动区的危险地带。据不完全统计，在近400年的时间里，火山喷发就夺去了大约27万人的生命。特别是在活火山集中的环太平洋地区，火山灾害更为突出。

迄今为止，世界上最猛烈的火山爆发都发生在印度尼西亚。其中最为著名的一次是1815年坦博拉火山喷发。

1815年4月5日，该火山突然爆发，周围1000千米范围内的居民都听到了火山爆发时产生的巨响，接着从火山喷出极大数量的气体和火山灰，喷发期长达3个多月，1000千米以外的地方都落满了火山灰，其堆积的厚度在火山以外20千米处为90厘米，25千米处为25厘米。

火山爆发时，还产生海啸，使陆地大面积沉陷，附近的坦博拉镇沉到了深6米的海底。此次火山爆发使近10万人丧生，财产损失无法估算。

火山灾害的种类

火山灾害有两类，一类是由于火山喷发本身造成直接灾害，另一类是由于火山喷发而引起的间接灾害。实际上，在火山喷发时，这两类灾害常常是兼而有之。火山碎屑流、火山熔岩流、火山喷发物、火山喷发引起的泥石流、滑坡、地震、海啸等都能造成火山灾害。

火山碎屑流灾害。火山碎屑流是大规模火山喷发比较常见的产物。公元79年意大利维苏威火山喷发，就是火山碎屑流灾害的

典型实例，也是有史以来规模最大的火山喷发事件之一。

当时，6条炽热的火山碎屑流，很快埋没了繁华的庞贝城，使庞贝城瞬间就在历史上绝迹，直到1689年这座古城才被后人发现。其他几个著名的海滨城市也遭到了不同程度的破坏。

火山熔岩流灾害。火山喷发，特别是裂隙式喷发，熔岩流经过的地域多，覆盖面积大，造成危害也很严重。1783年冰岛拉基火山喷发，岩浆沿着16千米长的裂隙喷出，淹没了周围的村庄，覆盖面积达565平方千米。造成冰岛人口减少1/5，家畜死亡一半。

火山碎屑和火山灰灾害。通常，火山爆发会抛出大量的火山碎屑和火山灰，它们会掩埋房屋、破坏建筑，危及生命安全。

　　1951年1月，巴布亚新几内亚的拉明顿火山爆发，炽热的火山灰毁坏的土地面积200多平方千米，造成房屋倒塌，2942人丧生，危害严重。1963年印度尼西亚阿贡火山爆发时，直接死于火山灰云的人数就达1670余人之多。

　　火山喷气灾害。火山爆发时常伴有大量气体喷出。有些火山喷发释放出的有毒气体足以致人于死地。1986年8月喀麦隆尼沃斯火山喷发，有1700余人死于火山喷出的二氧化碳等大量有害气体。

　　火山引发泥石流灾害。泥石流是火山爆发引发的一种破坏力极大的流体，可以给流经地区造成严重的破坏。

　　1980年美国圣海伦斯火山爆发，炽热的火山碎屑和熔岩使山地冰雪大量融化，形成了汹涌的泥石流，从山顶倾泻而下，并引起洪水泛滥，造成24人死亡，46人失踪。

1985年哥伦比亚华内瓦多·德·鲁伊斯火山爆发，火山碎屑流使山顶冰盖融化，形成大规模的泥石流，造成20000多人丧生，7700余人无家可归，流离失所。

次生灾害的威胁

除了火山喷发可以带来巨大损失外，活动火山在休眠期的次生灾害也是对人类巨大的威胁。

非洲喀麦隆的尼沃斯湖形成于500年前的一次火山喷发，1986年8月21日，二氧化碳气体喷发使1700多人及其家畜死于非命。

美国加州的长谷火山最近一次喷发在600年前，而1995年火山附近土壤中二氧化碳和氦集中造成大片松树死亡，并逐渐扩展到相邻地区。火山喷发不仅造成火山附近居民的生命财产的损失，而且还影响航空和气候。人们对2010年4月冰岛火山喷发记忆犹新，一次中等规模的喷发就造成欧洲航空的停滞与全球生活秩序的混乱。1815年坦博拉火山喷发后，1816年春夏全球变冷，那年是没有夏天的一年。

延 伸 阅 读

火山较多的国家有日本、印度尼西亚、意大利、新西兰和美洲各国。日本全境有200多座火山，其中活火山占1/3，印度尼西亚有400多座火山，其中活火山占1/4。这两个国家都有"火山国"之称。

地震的产生和危害

地震灾害的产生

地震是地壳快速释放能量的过程中造成震动，期间会产生地震波的一种自然现象。地震常常造成严重人员伤亡，会引起火灾、水灾、有毒气体泄漏、细菌及放射性物质扩散，还有可能造成海啸、滑坡、崩塌、地裂缝等次生灾害。它是地球上经常发生的一种自然现象。

地震发源于地下某一点，该点称为震源。震动从震源传出，

在地球中传播。地面上离震源最近的一点称为震中，它是接受震动最早的部位。破坏性地震的地面震动最烈处称为极震区，极震区往往也就是震中所在的地区。

大地震动是地震最直观、最普遍的表现。在海底或滨海地区发生的强烈地震，能引起巨大的波浪，称之为海啸。

地震是极其频繁的，全球每年发生地震约500万次，对整个社会有着很大的影响。

地震发生时，最基本的现象是地面的连续震动，主要是明显的晃动。极震区的人在感到大的晃动之前，有时首先感到上下跳动。这是因为地震波从地内向地面传来，纵波首先到达的缘故。横波接着产生大振幅的水平方向的晃动，是造成地震灾害的主要原因。

1960年智利大地震时，最大的晃动持续了3分钟。地震造成的灾害首先是破坏房屋和构筑物，造成人畜的伤亡，如1976年我国河北唐山地震中70%～80%的建筑物倒塌，人员伤亡惨重。

地震对自然界景观也有很大影响。最主要的后果是地面出现断层和地裂缝。大地震的地表断层常绵延几十至几百千米，往往具有较明显的垂直错距和水平错距，能反映出震源处的构造变动特征。

但并不是所有的地表断裂都直接与震源的运动相联系，它们也可能是由于地震波造成的次生影响。特别是地表沉积层较厚的地区，坡地边缘、河岸和道路两旁常出现地裂缝，这往往是由于地形因素即在一侧没有依托的条件下晃动使表土松垮和崩裂造成的。

地震的晃动使表土下沉，浅层的地下水受挤压会沿地裂缝上升至地表，形成喷沙冒水现象。大地震能使局部地形改观，或隆起，或沉降；可以使城乡道路坼裂、铁轨扭曲、桥梁折断。

在现代化城市中，由于地下管道破裂和电缆被切断造成停水、停电和通讯受阻。煤气、有毒气体和放射性物质泄漏可导致火灾和毒物、放射性污染等次生灾害。

在山区，地震还能引起山崩和滑坡，常造成掩埋村镇的惨剧。崩塌的山石堵塞江河，在上游形成地震湖。1923年日本关东大地震时，神奈川县发生泥石流，顺山谷下滑，远达5000米。

地震造成的后果

地震发生后，常常造成严重的人员伤亡和财产损

失，震区会受到直接的地震灾害和间接的次生灾害。

直接的地震灾害是指由于地震破坏作用，即由于地震引起的强烈震动和地震造成的地质灾害导致房屋、工程结构、物品等物质的破坏，包括以下几方面：

房屋修建在地面，量大面广，是地震袭击的主要对象。房屋坍塌不仅造成巨大的经济损失，而且直接恶果是砸压屋内人员，造成人员伤亡和室内财产破坏损失。

人工建造的基础设施，如交通、电力、通信、供水、排水、燃气、输油和供暖等生命线系统，大坝、灌渠等水利工程等，都是地震破坏的对象，这些结构设施破坏的后果也包括本身的价值和功能丧失两个方面。城镇生命线系统的功能丧失还给救灾带来极大的障碍，加剧地震灾害。

工业设施、设备、装置的破坏显然带来巨大的经济损失，也影响正常的供应和经济发展。

大震引起的山体滑坡、崩塌等现象还破坏基础设施、农田等，造成林地和农田的损毁。

地震次生灾害是指由于强烈地震造成的山体崩塌、滑坡、泥石流和水灾等威胁人畜生命安全的各类灾害。

地震次生灾害大致可分为两大类：

一是社会层面的，如道路破坏导致交通瘫痪，煤气管道破裂形成的火灾，下水道损坏对饮用水源的污染，电讯设施破坏造成的通讯中断，还有瘟疫流行、工厂毒气污染、医院细菌污染或放射性污染等；

二是自然层面的，如滑坡、崩塌落石、泥石流、地裂缝、地面塌陷、砂土液化等次生地质灾害和水灾，发生在深海地区的强烈地震还可引起海啸。

地震产生的原因

引起地球表层振动的原因很多，根据地震的成因，可以把地震分为以下几种：

构造地震。由于地下深处岩层错动、破裂所造成的地震称为构造地震。这类地震发生的次数最多，破坏力也最大，约占全世界地震的90%以上。

火山地震。由于火山作用，如岩浆活动、气体爆炸等引起的地震称为火山地震。只有在火山活动区才可能发生火山地震，这类地震只占全世界地震的7%左右。

塌陷地震。由于地下岩洞或矿井顶部塌陷而引起的地震称为塌陷地震。这类地震的规模比较小，次数也很少，往往发生在溶洞密布的石灰岩地区或大规模地下开采的矿区。

诱发地震。由于水库蓄水、油田注水等活动而引发的地震。

这类地震仅仅在某些特定的水库库区或油田地区发生。

人工地震。地下核爆炸、炸药爆破等人为引起的地面震动称为人工地震。人工地震是由人为活动引起的地震。如工业爆破、地下核爆炸造成的震动；在深井中进行高压注水以及大水库蓄水后增加了地壳的压力，有时也会诱发地震。

无情的地震

"地震"轰轰烈烈地来了，顷刻间，又无声无息地走了。留下来的却是让人类无法接受的现实。在地震面前，人类只能睁大眼睛看着灾难的发生，也就在那一瞬间，使无数人扭转了命运，中断了美梦！

无情的地震，灾难的恶魔，它是那样的残忍与无情，就在那一瞬间，一座座楼房化为了废墟，一条条道路被堵塞，一个个幸福的家庭被拆散，数万条鲜活的生命被这样无情地被掩埋在了地

下，使上万人下落不明。一幕幕痛心的画面，一双双惊恐的眼睛，一张张哭天喊地的悲痛，这些锥心的结局，让人们的心情变得如此沉重。

　　地震，全人类仍然无法规避的天然杀手！面对它，人类能够做的只有八个字，那就是：正视、反思、规避、预防。

延 伸 阅 读

　　地震所引起的地面震动是一种复杂的运动，它是由纵波和横波共同作用的结果。在震中区，纵波使地面上下颠动。横波使地面水平晃动。由于纵波传播速度较快，衰减也较快，因此离震中较远的地方，只能感到水平晃动。

海啸的产生和类型

海啸灾害的产生

海啸是一种具有强大破坏力的海浪。当地震发生于海底，因震波的动力而引起海水剧烈的起伏，形成强大的波浪，向前推进，将沿海地带——淹没的灾害，称之为海啸。

海啸通常由震源在海底下50千米以内、里氏地震规模6.5级以上的海底地震引起。海啸波长比海洋的最大深度还要大，在海底附近传播也没受多大阻滞，不管海洋深度如何，波都可以传播

出去。

　　海啸在海洋的传播速度大约每小时500千米～1000千米，而相邻两个浪头的距离也可能远达500千米～650千米，当海啸波进入陆地后，由于深度变浅，波高突然增大，它的这种波浪运动所卷起的海涛，波高可达数十米，并形成"水墙"。

　　这种水墙以排山倒海之势摧毁堤防，涌上陆地，吞没城镇、村庄和耕地。随即海水骤然退出，往往再次涌入，有时反复多次，在滨海地区造成巨大的生命财产损失。

　　海啸同风产生的浪或潮有很大差异。微风吹过海洋，泛起相对较短的波浪，相应产生的水流仅限于浅层水体。猛烈的大风能够使辽阔的海洋卷起高达3米以上的海浪，但也不能撼动深处的水。

　　而潮汐每天席卷全球两次，它产生的海流跟海啸一样能深入海洋底部，但是海啸并非由月亮或太阳的引力引起，它由海下地震推动所产生，或由火山爆发、陨星撞击、水下滑坡所产生。

海啸波浪在深海的速度能够超过每小时700千米，可轻松地与波音747飞机保持同步。虽然速度快，但在深水中海啸并不危险，低于几米的一次单个波浪在开阔的海洋中其长度可超过750千米，这种作用产生的海表倾斜如此之细微，以致这种波浪通常在深水中不经意间就过去了。

海啸静悄悄地不知不觉地通过海洋，然而如果出乎意料地出现在浅水中它会达到灾难性的高度。

海啸产生原因

海啸是一种具有强大破坏力的海浪。水下地震、火山爆发或水下塌陷和滑坡等大地活动都可能引起海啸。

地震发生时，海底地层发生断裂，部分地层出现猛然上升或者下沉，由此造成从海底到海面的整个水层发生剧烈"抖动"。这种"抖动"与平常所见到的海浪大不一样。

海浪一般只在海面附近起伏，涉及的深度不大，波动的振幅

随水深衰减很快。地震引起的海水"抖动"则是从海底到海面整个水体的波动，其中所含的能量惊人。

海啸波长很大，可以传播几千千米而能量损失很小。在一次震动之后，震荡波在海面上以不断扩大的圆圈，传播到很远的距离，正像卵石掉进浅池里产生的波一样。

由地震引起的波动与海面上的海浪不同，一般海浪只在一定深度的水层波动，而地震所引起的水体波动是从海面到海底整个水层的起伏。

破坏性的地震海啸，只在出现垂直断层、里氏震级大于6.5级的条件下才能发生。海啸的传播速度与它移行的水深成正比。在太平洋，海啸的传播速度一般为每小时两三百千米至1000多千米。海啸不会在深海大洋上造成灾害，正在航行的船只甚至很难察觉这种波动。海啸发生时，越在外海越安全。

一旦海啸进入大陆架，由于深度急剧变浅，波高骤增，这种巨浪可能带来毁灭性灾害。

　　海啸来袭之前，海潮为什么先是突然退到离沙滩很远的地方，一段时间之后海水才重新上涨？

　　大多数情况下，出现海面下落的现象都是因为海啸冲击波的波谷先抵达海岸。波谷就是波浪中最低的部分，它如果先登陆，海面势必下降。同时，海啸冲击波不同于一般的海浪，其波长很大，因此波谷登陆后，要隔开相当一段时间，波峰才能抵达。

　　另外，这种情况如果发生在震中附近，也可能是地震发生时，海底地面有一个大面积的抬升和下降，这时，地震区附近海域的海水也随之抬升和下降，然后就形成海啸。

此外，海底火山爆发、土崩及人为的水底核爆也能造成海啸，陨石撞击也会造成海啸，而且陨石造成的海啸"水墙"可达百尺，在任何水域都会发生，不一定在地震带。不过陨石造成的海啸可能几千年才会发生一次。

海啸的几种类型

海啸可分为四种类型。即由气象变化引起的风暴潮、火山爆发引起的火山海啸、海底滑坡引起的滑坡海啸和海底地震引起的地震海啸。

地震海啸是海底发生地震时，海底地形急剧升降变动引起海水强烈扰动。其机制有两种形式："下降型"海啸和"隆起型"海啸。

"下降型"海啸：某些构造地震引起海底地壳大范围的急剧下降，海水首先向突然错动下陷的空间涌去，并在其上方出现海水大规模积聚，当涌进的海水在海底遇到阻力后，即翻回海面产生压缩波，形成长波大浪，并向四周传播与扩散，这种下降型的海底地壳运动形成的海啸在海岸首先表现为异常的退潮现象。1960年智利地震海啸就属于此种类型。

"隆起型"海啸：某些构造地震引起海底地壳大范围的急剧上升，海水也随着隆起区一起抬升，并在隆起区域上方出现大规模的海水积聚，在重力作用下，海水必须保持一个等势面以达到相对平衡，于是海水从波源区向四周扩散，形成汹涌巨浪。

这种海底地壳运动形成的隆起型海啸波在海岸首先表现为异常的涨潮现象。1983年5月26日，日本海里氏7.7级地震引起的海啸属于此种类型。

海啸产生的危害

剧烈震动之后不久，巨浪呼啸，以摧枯拉朽之势，越过海岸

线，越过田野，迅猛地袭击着岸边的城市和村庄，瞬时人们都消失在巨浪中。

港口所有设施，被震塌的建筑物，在狂涛的洗劫下，被席卷一空。事后，海滩上一片狼藉，到处是残木破板和人畜尸体。

地震海啸给人类带来的灾难是十分巨大的。目前，人类对地震、火山和海啸等突如其来的灾变，只能通过预测、观察来预防或减少它们所造成的损失，但还不能控制它们的发生。

我国位于太平洋西岸，大陆海岸线长达1.8万千米。但由于我国大陆沿海受琉球群岛和东南亚诸国阻挡，加之大陆架宽广，越洋海啸进入这一海域后，能量衰减较快，对沿海地区影响较小。

因为地震波沿地壳传播的速度远比地震海啸波运行速度快，所以海啸是可以提前预报的。不过，海啸预报比地震探测还要难。因为海底的地形太复杂，海底的变形很难测得准。

1964年国际上成立了全球海啸警报系统协调小组，太平洋由于海啸多发，所以海啸预警系统很发达。

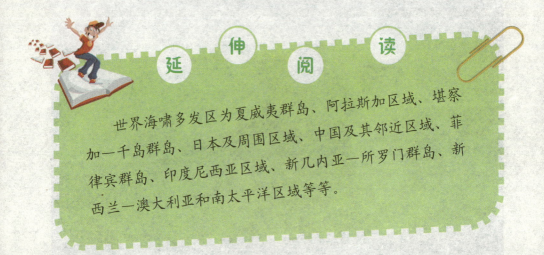

延 伸 阅 读

世界海啸多发区为夏威夷群岛、阿拉斯加区域、堪察加—千岛群岛、日本及周围区域、中国及其邻近区域、菲律宾群岛、印度尼西亚区域、新几内亚—所罗门群岛、新西兰—澳大利亚和南太平洋区域等等。

"红色幽灵"赤潮灾害

赤潮是怎样形成的

赤潮，被喻为"红色幽灵"，赤潮又称红潮，是海洋生态系统中的一种异常现象。它是由海藻家族中的赤潮藻，在特定环境条件下暴发性地增殖造成的。

海藻是一个庞大的家族，除了一些大型海藻外，很多都是非常微小的植物，有的是单细胞植物。根据引发赤潮的生物种类和数量的不同，海水有时也呈现黄、绿和褐等不同颜色。

赤潮是一种复杂的生态异常现象，发生的原因也比较复杂。

关于赤潮发生的机理，虽然至今尚无定论，但是赤潮发生的首要条件，是赤潮生物增殖要达到一定的密度。否则，尽管其他因素都适宜，也不会发生赤潮。

在正常的理化环境条件下，赤潮生物在浮游生物中所占的比重并不大，有些鞭毛虫类还是一些鱼虾的食物。但是由于特殊的环境条件，使某些赤潮生物过量繁殖，便会形成赤潮。

赤潮产生的原因

水文气象和海水理化因子的变化，是赤潮发生的重要原因。海水的温度，是赤潮发生的重要环境因子，20℃至30℃是赤潮发生的适宜温度范围。科学家发现一周内水温突然升高大于2℃，是赤潮发生的先兆。海水的化学因子如盐度变化，也是促使生物因子"赤潮"生物大量繁殖的原因之一。

盐度在26至37的范围内，均有发生赤潮的可能。但是海水盐度在15至21.6时，容易形成温跃层和盐跃层。温跃层和盐跃层的存在为赤潮生物的聚集提供了条件，易诱发赤潮。

由于径流、涌升流、水团或海流的交汇作用，使海底层营养盐上升到水上层，造成沿海水域高度富营养化。营养盐类含量急剧上升，引起硅藻的大量繁殖。这些硅藻过盛，特别是骨条硅藻的密集常常引起赤潮。

这些硅藻类又为夜光藻提供了丰富的饵料，促使夜光藻急剧增殖，从而又形成粉红色的夜光藻赤潮。

据监测资料表明，在赤潮发生时，水域多为干旱少雨，天气闷热，水温偏高，风力较弱，或者潮流缓慢等水域环境。

海水养殖的自身污染，亦是诱发赤潮的因素之一。随着全国沿海养殖业的大力发展，尤其是对虾养殖业的蓬勃发展，也产生了严重的自身污染问题。

在对虾养殖中，人工投喂大量配合饲料和鲜活饵料。池内残存饵料增多，严重污染了养殖水质。另一方面，大量污水排入海中，这些带有大量残饵、粪便的水中含有氨氮、尿素、尿酸及其他形式的含氮化合物，加快了海水的富营养化。为赤潮生物提供了适宜的生物环境，使其增殖加快。特别是在高温、闷热、无风

的条件下，最易发生赤潮。自然因素也是引发赤潮的重要原因，赤潮多发除了人为原因外，还与纬度位置、季节、洋流和海域的封闭程度等自然因素有关。

赤潮灾害的危害

赤潮破坏海洋生态平衡。海洋是一种生物与环境、生物与生物之间相互依存，相互制约的复杂生态系统。系统中的物质循环、能量流动都是处于相对稳定、动态平衡的状态。

当赤潮发生时由于赤潮生物的异常爆发性增殖，这种平衡遭受到严重干扰和破坏。在植物性赤潮发生初期，由于植物的光合作用，赤潮海域水体中叶绿素a含量增高、pH值增高、溶解氧增高和化学耗氧量增高。这种环境因素的改变，致使一些海洋生物不能正常生长、发育和繁殖，导致一些生物逃避甚至死亡，破坏了原有的生态平衡。

赤潮破坏海洋渔业和水产资源。赤潮生物的异常爆发性增

殖，导致了海域生态平衡被打破，海洋浮游植物、浮游动物、底栖生物和游泳生物相互间的食物链关系和相互依存、相互制约的关系异常或者破裂，这就大大破坏了主要经济渔业种类的饵料基础，破坏了海洋生物食物链的正常循环，造成鱼、虾、蟹和贝类索饵场丧失，渔业产量锐减。

　　赤潮生物的异常爆发性繁殖，可引起鱼、虾及贝等经济生物瓣鳃机械堵塞，造成这些生物窒息而死；赤潮后期，赤潮生物大量死亡，在细菌分解作用下，可造成区域性海洋环境严重缺氧或者产生硫化氢等有害化学物质，使海洋生物缺氧或中毒死亡；另外，有些赤潮生物的体内或代谢产物中含有生物毒素，能直接毒死鱼、虾和贝类等生物。

　　赤潮危害人类健康。有些赤潮生物还能分泌一些可以在贝类体内积累的毒素，统称贝毒，其含量往往可能超过食用时人体可

接受的水平。

　　这些贝类如果不慎被食用，就会引起人体中毒，严重时可导致死亡。目前确定有10余种贝毒的毒素比眼镜蛇毒素高80倍，比一般的麻醉剂，如普鲁卡因、可卡因还强10万多倍。据统计，全世界发生贝毒中毒事件约300多起，死亡300多人。

延 伸 阅 读

　　我国沿海在20世纪70年代以前仅有两次赤潮记录。但进入20世纪80年代后赤潮发生的频率明显增加，每年达几十次之多。其中1989年渤海等海域发生赤潮，导致对虾、贝类等养殖的经济损失达几亿元。

沙尘暴的形成和危害

沙尘暴的形成原因

沙尘暴是一种风与沙相互作用的灾害性天气现象，它的形成与地球温室效应、厄尔尼诺现象、森林锐减、植被破坏、物种灭绝及气候异常等因素有着不可分割的关系。

其中，人口膨胀导致的过度开发自然资源、过量砍伐森林及过度开垦土地都是沙尘暴频发的诱因。另外，有利于产生大风或强风的天气形势，有利的沙尘源分布和有利的空气不稳定条件是沙尘暴或强沙尘暴形成的主要原因。

强风是沙尘暴产生的动力，沙尘源是沙尘暴物质基础，不稳定的热力条件是利于风力加大、强对流发展，从而携带更多的沙尘，并卷扬得更高。

除此之外，前期干旱少雨，天气变暖，气温回升，是沙尘暴形成的特殊天气气候背景；地面冷锋前对流单体发展成云团或飑线是有利于沙尘暴发展并加强的中小尺度系统；有利于风速加大的地形条件即狭管作用，是沙尘暴形成的有利条件之一。

土壤、黄沙主要成分是硅酸盐，当干旱少雨且气温变暖时，硅酸盐表面的硅酸失去水分，这样硅酸盐土壤胶团、砂粒表面就会带有负电荷，相互之间有了排斥作用，成为气溶胶不能凝聚在一起，从而形成扬沙即沙尘暴。沙尘暴本质上是带有负电荷的硅酸盐气溶胶。总之，沙尘暴的形成需要这3个条件：

一是地面上的沙尘物质。它是形成沙尘暴的物质基础。

二是大风。这是沙尘暴形成的动力基础，也是沙尘暴能够长距离输送的动力保证。

　　三是不稳定的空气状态。这是重要的局地热力条件。沙尘暴多发生于午后傍晚，说明了局地热力条件的重要性。

　　沙尘暴作为一种高强度风沙灾害，并不是在所有有风的地方都能发生，只有那些气候干旱、植被稀疏的地区，才有可能发生沙尘暴。沙尘暴天气多发生在内陆沙漠地区，源地主要有撒哈拉沙漠，北美中西部和澳大利亚也是沙尘暴天气的源地之一。1933年至1937年由于严重干旱，在北美中西部就产生过著名的碗状沙尘暴。

　　亚洲沙尘暴活动中心主要在约旦沙漠、巴格达与波斯湾北部沿岸之间的下美索不达米亚、阿巴斯附近的伊朗南部海滨，稗路支到阿富汗北部的平原地带。中亚地区的哈萨克斯坦、乌兹别克斯坦、土库曼斯坦都是沙尘暴频繁影响区，但其中心在里海与咸

海之间沙质平原及阿姆河一带。在我国西北地区，森林覆盖率本来就不高，西北人想靠挖甘草、搂发菜和开矿发财，这些掠夺性的破坏行为更加剧了这一地区的沙尘暴灾害。裸露的土壤很容易被大风卷起形成沙尘暴甚至强沙尘暴。

沙尘暴的巨大危害

沙尘暴的危害主要有两个，一是风，二是沙。首先，风力破坏作用非常大。大风破坏建筑物，吹倒或拔起树木电杆，撕毁农民塑料温室大棚和农田地膜等。此外，由于西北地区四五月正是瓜果、蔬菜、甜菜和棉花等经济作物出苗，生长子叶或真叶期以及果树开花期，此时最不耐风吹沙打。轻则叶片蒙尘，使光合作用减弱，且影响呼吸，降低作物的产量；重则苗死花落，那就更谈不上成熟结果了。例如，1993年5月5日的大风使西北地区8.5万棵果木花蕊被打落，10.94万棵防护林和用材林折断或连根拔起。

此外，大风刮倒电杆造成停水停电，影响工农业生产。1993

年5月5日大风造成的停电停水，仅一家公司就造成经济损失8000多万元。大风作用于干旱地区疏松的土壤时会将表土刮去一层，叫做风蚀。例如，1993年5月5日的大风平均风蚀深度十厘米，最多50厘米，也就是每亩地平均有60立方米至70立方米的肥沃表土被风刮走。其实，大风不仅刮走土壤中细小的黏土和有机质，而且还把带来的沙子积在土壤中，使土壤肥力大为降低。此外大风夹沙粒还会把建筑物和作物表面磨去一层，叫做磨蚀，也是一种灾害。

　　沙的危害主要是沙埋。前面说过，狭管，迎风和隆起等地形下，因为风速大，风沙危害主要是风蚀，而在背风凹洼等风速较小的地形下，风沙危害主要便是沙埋了。例如，1993年5月5日的大风中发生沙埋的地方，沙埋的平均厚度20厘米，最厚处达到了1.2米。此外更重要的是，人的生命损失。1993年5月5日大风中共死亡85人，伤264人，失踪31人。此外，死亡和丢失大牲畜

12万头，农作物受灾560万亩，沙埋干旱地区的生命线水渠总长2000多千米，兰新铁路停运31小时，总经济损失超过5亿元。

人畜死亡、建筑物倒塌、农业减产。沙尘暴对人畜和建筑物的危害绝不亚于台风和龙卷风。近几年来，我国西北地区累计遭受到的沙尘暴袭击有20多次，造成经济损失12亿多元，死亡失踪人数超过200多人。

延 伸 阅 读

沙尘暴降尘中至少有38种化学元素，它的发生大大增加了大气固态污染物的浓度，给起源地、周边地区以及下风地区的大气环境、土壤和农业生产等能造成长期的潜在的危害。

龙卷风的特点和危害

什么是龙卷风

龙卷风是在极不稳定的天气情况下，因空气强烈对流运动而产生的一种伴随着高速旋转的漏斗状云柱的强风涡旋。其中心附近风速可达100米/秒～200米/秒，最大300米/秒，比台风中心最大风速大几倍。

空气绕龙卷的轴快速旋转，受龙卷中心气压极度减小的吸引，近地面几十米厚的一薄层空气内，气流被从四面八方吸入涡旋的底部，并随即变为绕轴心向上的涡流。龙卷风具有很大的吸

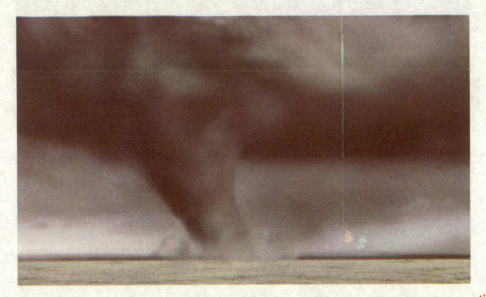

吮作用，可把海水吸离海面，形成水柱，然后同云相接，俗称"龙取水"。

龙卷风上部是一块乌黑或浓灰的积雨云，下部是下垂着的形如大象鼻子的漏斗状云柱，由于龙卷风内部空气极为稀薄，导致温度急剧降低，促使水汽迅速凝结，这也是形成漏斗云柱的重要原因。

龙卷风常发生于夏季的雷雨天气时，尤以下午至傍晚最为多见。袭击范围小，龙卷风的直径一般在十几米到数百米之间。

龙卷风的生存时间一般只有几分钟，最长也不超过数小时。风力特别大，破坏力极强，龙卷风经过的地方，常会发生拔起大树、掀翻车辆和摧毁建筑物等现象，甚至把人吸走，危害十分严重。

龙卷风的特点

龙卷风发生在水面，则称

为水龙卷；如发生在陆地上，则称为陆龙卷。龙卷风外貌奇特，它上部是一块乌黑或浓灰的积雨云，下部是下垂着的漏斗状云柱，具有"小、快、猛、短"的特点。

水龙卷的直径不超过100米至1000米。其风速到底有多大，科学家还没有直接用仪器测量过。据推算，风速一般每秒达50米至100米，有时可达每秒300米，超过声速。

所以龙卷风所到之处便摧毁一切，它像巨大的吸尘器，经过地面，地面的一切都要被它卷走；如果它经过水库、河流，常常卷起冲天水柱，连水库、河流的底部有时都暴露出来。

同时，龙卷风又是短命的，往往只有几分钟或几十分钟，最多几小时。一般移动超过10千米左右，便"寿终正寝"了。

龙卷风的形成之谜

龙卷风的形成一般都与局部

地区受热引起上下强对流有关，但强对流未必产生真空抽水泵效应似的龙卷风。

前苏联学者维克托·库申提出了龙卷风的内引力，即热过程的成因新理论：当大气变成像"有层的烤饼"时，里面很快形成暴雨云，与此同时，附近区域的气流迅速下降，形成了巨大的旋涡。在旋涡里，湿润的气流沿着螺旋线向上飞速移动，内部形成一个稀薄的空间，空气在里面迅速变冷，水蒸气冷凝，这就是为什么人们观察到龙卷风像雾气沉沉的云柱的原因。

但问题是在某些地区的冬季或夜间，没有强对流或暴雨云时，龙卷风却也是经常发生。这就不能不使人深感事情的复杂了。并且龙卷风还有一些古怪行为使人难以捉摸：它席卷城镇，捣毁房屋，把碗橱从一个地方刮到另一个地方，却没有打碎碗橱里面的一个碗；被它吓呆的人们常常被它抬向高空，然后又被它平平安安地送回地上；大气旋风在它经过的路线上，总是准确地

把房屋的房顶刮到两三百米以外，然后抛到地上，然而房内的一切却保存得完整无损；有时它只拔去一只鸡一侧的毛，而另一侧却完好无损；它将百年古松吹倒并捻成纽带状，而近旁的小杨树连一根枝条都未受到折损。

龙卷风的危害

每个陆地国家都出现过龙卷风，其中美国是发生龙卷风最多的国家。加拿大、墨西哥、英国、意大利、澳大利亚、新西兰、日本和印度等国，发生龙卷风的机会也很多。我国龙卷风主要发生在华南和华东地区，它还经常出现在南海的西沙群岛上。

一些气象学家计算发现，龙卷风在肆虐的一个小时内所释放的能量区间值相当于8倍至600倍广岛原子弹，这种能量就不可避免地会给受害地区造成难以估量的损害。

强龙卷风对建筑的破坏相当严重，甚至是毁灭性的。在龙卷风的袭击下，房子屋顶会像滑翔翼般飞起来。一旦屋顶被卷走，房子的其他部分也会跟着崩解。弱小的人类若被袭击，则会如断线的风筝一样，非死即伤。

美国是世界上遭受龙卷风侵袭次数最多的国家，平均每年遭受10万个雷暴、1200个龙卷风的袭击，有50人因此死亡。在美国中西部和南部的广阔区域又以"龙卷风道"最为著名。

1999年5月27日，美国德克萨斯州中部，包括首府奥斯汀在内的4个县遭受特大龙卷风袭击，造成至少32人死亡，数十人受伤。在离奥斯汀市北部40英里的贾雷尔镇，有50多所房屋倒塌，有30多人在龙卷风丧生。遭到破坏的地区长达1600米，宽180多米。

2012年3月2日，美国南部亚拉巴马州与田纳西州遭遇龙卷风袭击，当天至少两个龙卷风袭击了该州东北部地区。这两个龙卷风在当地时间上午9时至9时30分左右分别袭击了亨茨维尔，间隔

大约10分钟。在亚拉巴马州，龙卷风损坏了不少房屋、刮到不少树木，造成至少4人受伤。

在距离亨茨维尔大约16千米处的卡普肖，亚拉巴马州立莱姆斯通监狱也在龙卷风袭击中受损。这座监狱是一座最高安全等级监狱，关有2100名犯人，其中有大约200人被隔离关押。

除了亚拉巴马州，田纳西州查塔努加地区也遭到龙卷风袭击，造成超过20人受伤。当地政府也确认有多间房屋受损。

2012年2月28日，龙卷风导致堪萨斯、密苏里、伊利诺伊和田纳西州等地13人死亡。

2013年5月20日下午，美国中部俄克拉荷马州首府俄克拉荷马市郊区穆尔遭遇强劲龙卷风袭击，至少造成91人死亡、233人受伤。该地区的一间小学被夷为平地，有24名孩子被困废墟中。来

去匆匆的龙卷风平均每年使数万人丧生。全球每年平均发生龙卷风上千次，其中美国出现的次数占一半以上。为此，探索龙卷风之谜，做好预报和预测工作，是人类保卫自己，战胜自然灾害的首要工作。

延　伸　阅　读

　　1974年4月3日，在美国南部发生了一次龙卷风，风速从每小时185千米加大至555千米，此次龙卷风卷走了239人，使4000多人受伤，24000多家遭到不同程度的损失，损失价值约7亿美元。

台风的形成和利弊

台风的形成

　　台风和飓风都是产生于热带洋面上的一种强烈的热带气旋，只是发生地点不同，叫法不同，在北太平洋西部、国际日期变更线以西，包括南中国海范围内发生的热带气旋称为台风；而在大西洋或北太平洋东部发生的热带气旋则称为飓风，也就是说在美国一带称飓风，在菲律宾、中国和日本一带叫台风。

　　台风经过时常伴随着大风和暴雨天气。风向呈逆时针方向旋转。等压线和等温线近似为一组同心圆。中心气压最低而气温最

高。从台风结构看到，如此巨大的庞然大物，其产生必须具备特有的条件：

一要有广阔高温、高湿的大气。热带洋面上底层大气的温度和湿度主要决定于海面水温，台风只能形成于海温高于26℃~27℃的暖洋面上，而且在60米深度内的海水水温都要高于26℃~27℃。

二要有低层大气向中心辐合、高层向外扩散的初始扰动。而且高层辐散必须超过低层辐合，才能维持足够的上升气流，低层扰动才能不断加强。

三是垂直方向风速不能相差太大，上下层空气相对运动很小，才能使初始扰动中水汽凝结所释放的潜热能集中保存在台风眼区的空气柱中，形成并加强台风暖中心结构。

四要有足够大的地转偏向力作用，地球自转作用有利于气旋性涡旋的生成。地转偏向力在赤道附近接近于零，向南北两极增大，台风发生在大约离赤道五个纬度以上的洋面上。

台风的灾害

台风是一种破坏力很强的灾害性天气系统，其危害性主要有三个方面：

一是带来大风危害。台风中心附近最大风力一般为8级以上，这种风力会给侵袭地带来极大的灾害。

　　二是暴雨灾害。台风是最强的暴雨天气系统之一，在台风经过的地区，一般能产生150毫米～300毫米降雨，少数台风能产生1000毫米以上的特大暴雨。1975年，第三号台风在淮河上游产生的特大暴雨，创造了我国大陆地区暴雨极值，形成了河南"75.8"大洪水。

　　三是风暴潮灾害。一般台风能使沿岸海水产生增水，江苏省沿海最大增水可达3米。"9608"和"9711"号台风增水，使江苏沿江沿海出现超历史的高潮位。

　　台风过境时常常带来狂风暴雨天气，引起海面巨浪，严重威胁航海安全。台风登陆后带来的风暴增水可能摧毁庄稼、各种建筑设施等，造成人民生命财产的巨大损失。

台风的分级

超强台风：底层中心附近最大平均风速≥51.0米/秒，即16级或以上。

强台风：底层中心附近最大平均风速41.5米/秒~50.9米/秒，即14~15级。

台风：底层中心附近最大平均风速32.7米/秒~41.4米/秒，即12~13级。

强热带风暴：底层中心附近最大平均风速24.5米/秒~32.6米/秒，即风力10~11级。

热带风暴：底层中心附近最大平均风速17.2米/秒~24.4米/秒，即风力8~9级。

热带低压：底层中心附近最大平均风速10.8米/秒~17.1米/秒，即风力为6~7级。

台风的路径

台风移动的方向和速度取决于台风的动力。动力分内力和外力两种。内力是台风范围内因南北纬度差距所造成的地转偏向力差异引起的向北和向西的合力，台风范围愈大，风速愈强，内力愈大。外力是台风外围环境流场对台风涡旋的作用力，即北半球副热带高压南侧基本气流东风带的引导力。

内力主要在台风初生成时起作用，外力则是操纵台风移动的主导作用力，因而台风基本上自东向西移动。

由于副高的形状、位置、强度变化以及其他因素的影响，致台风移动路径并非规律一致而变得多种多样。以北太平洋西部地区台风移动路径为例，其移动路径大体有三条：

一是西进型台风：自菲律宾以东一直向西移动，经过南海最后在我国海南岛或越南北部地区登陆，这种路线多发生在10～11月，2006年的"碧利斯"台风就是典型的例子。

二是登陆型台风：由海面向西北方向移动，穿过台湾海峡，在我国广东、福建和浙江沿海登陆，并逐渐减弱为低气压。这类台风对我国的影响最大。近年来对江苏影响最大的"9015"和"9711"号两次台风，都属此类型，7～8月基本都是此类路径。

三是抛物线形台风：先向西北方向移动，当接近中国东部沿海地区时，不登陆而转向东北，向日本附近转去，路径呈抛物线形状，这种路径多发生在5～6月和9～11月，台风形成后，一般会移出源地并经过发展、减弱和消亡的演变过程。

一个发展成熟的台风，圆形涡旋半径一般为500千米～1000千米，高度可达15千米～20千米，台风由外围区、最大风速区和台风眼三部分组成。外围区的风速从外向内增加，有螺旋状云带和阵性降水；最强烈的降水产生在最大风速区，平均宽8千米～19千米，它与台风眼之间有环形云墙；台风眼位于台风中心区，最常见的台风眼呈圆形或椭圆形状，直径约10千米～70千米不等，平均约45千米，台风眼的天气表现为无风、少云和干暖。

台风的命名

人们对台风的命名始于20世纪初，据说，首次给台风命名的是20世纪早期的一个澳大利亚预报员，他把热带气旋取名为他不喜欢的政治人物，借此，气象员就可以公开地戏称这个人。

在西北太平洋，正式以人名为台风命名始于1945年，开始时只用女人名，以后据说因受到女权主义者的反对，从1979年开始，用一个男人名和一个女人名交替使用。

直到1997年11月25日至12月1日，在香港举行的世界气象组织台风委员会第三十次会议决定，西北太平洋和南海的热带气旋采用具有亚洲风格的名字命名，并决定从2000年1月1日起开始使用新的命名方法。

新的命名方法是事先制定的一个命名表，然后按顺序年复一年地循环重复使用。命名表共有140个名字，分别由世界气象组织台风委员会所属的亚太地区的柬埔寨、中国、朝鲜、香港、日本、老挝、澳门、马来西亚、密克罗尼西亚、菲律宾、韩国、泰国、美国以及越南等14个成员国和地区提供，每个国家或地区提供10个名字。

这140个名字分成10组，每组的14个名字，按每个成员国英文名称的字母顺序依次排列，按顺序循环使用。同时，保留原有热带气旋的编号。

　　具体而言，每个名字不超过9个字母，容易发音，在各成员官方语言中没有不好的意义，不会给各成员带来任何困难，不是商业机构的名字，选取的名字应得到全体成员的认可，如有任何一成员反对，这个名称就不能用作台风命名。

台风的利弊

　　台风除了给登陆地区带来暴风雨等严重灾害外，也有一定的好处。据统计，包括我国在内的东南亚各国和美国，台风降雨量约占这些地区总降雨量的1/4以上，因此，如果没有台风，这些国家的农业困境不堪想象；此外，台风对于调剂地球热量、维持热平衡更是功不可没。

　　众所周知，热带地区由于接收的太阳辐射热量最多，因此，气候也最为炎热，而寒带地区正好相反。

　　由于台风的活动，热带地区的热量被驱散到高纬度地区，从而使寒带地区的热量得到补偿，如果没有台风就会造成热带地区

气候越来越炎热，而寒带地区越来越寒冷，自然地球上温带也就不复存在了，众多的植物和动物也会因难以适应而相继灭绝，那将是一种非常可怕的情景。

台风的防治

加强台风的监测和预报，是减轻台风灾害的重要的措施。对台风的探测主要是利用气象卫星。在卫星云图上，能清晰地看见台风的存在和大小。利用气象卫星资料，可以确定台风中心的位置，估计台风强度，监测台风移动方向和速度，以及狂风暴雨出现的地区等，对防止和减轻台风灾害起着关键作用。当台风到达近海时，还可用雷达监测台风动向。

还有气象台的预报员，根据所得到的各种资料，分析台风的动向，登陆的地点和时间，及时发布台风预报、台风紧报或紧急警报，通过电视、广播等媒介为公众服务，同时为各级政府提供决策依据，发布台风预报或紧报是减轻台风灾害的重要措施。

延　伸　阅　读

2010年9月19日，11号台风"凡亚比"从台湾花莲登陆，导致台湾南部豪雨成灾，造成人员伤亡和基础设施严重损毁及工农业损失。20日早晨，"凡亚比"在福建登陆，狂风暴雨给福建和广东也造成严重的灾情。

风切变的巨大危害

什么是风切变灾害

风切变是一种自然的大气现象，是风速在水平和垂直方向的突然变化。风切变是导致飞行事故的大敌，特别是低空风切变。国际航空界公认低空风切变是飞机起飞和着陆阶段的一个重要性的危险因素，人们称低空风切变为"无形杀手"。

常见的风切变有两种：一是垂直风切变，另一个是水平风切变。垂直风切变是指垂直于地面方向上风速或风向随高度的剧烈

变化，强烈的垂直风切变的存在会对桥梁、高层建筑、航空飞行等造成强烈的破坏作用，可造成桥梁楼房坍塌、飞机坠毁等恶性事故，给人类生活安全带来了严重的影响；水平风切变则指与地面平衡的方向上风向的急速转变。

风切变的巨大危害

风切变对航空飞行的危害性极大，在起飞和降落的过程中，由于飞行速度低，风切变能够对航空器空速产生很大的影响，致使航空器的姿态和高度发生突然变化，在低高度上其结果有时是灾难性的。1985年，美国达拉斯-沃斯机场飞机坠毁，致使137人死亡。从此，风切变被当做一项国际课题开始研究。

据美国博尔德全国大气研究中心的负责人科尔曼说，1985年以后，美国所有的飞机都安装了风切变检测仪，加拿大1990年以后也安装了相应的系统。为什么低空风切变会有如此的危害性

呢？这是由风切变的本身的特性造成的。以危害性最大的微下冲气流为例，它是以垂直风切变为主要特征的综合风切变区。

由于在水平方向垂直运动的气流存在很大的速度梯度，也就是说垂直运动的风速会出现突然的加剧，就产生了特别强的下降气流，被称为微下冲气流。这个强烈的下降气流存在一个有限的区域内，并且与地面撞击后转向与地面平行而变成为水平风，风向以撞击点为圆心四面发散，所以在一个更大一些的区域内，又形成了水平风切变。

如果飞机在起飞和降落阶段进入这个区域，就有可能造成失事。比如，当飞机着陆时，下滑通道正好通过微下冲气流，那么飞机会突然的非正常下降，偏离原有的下滑轨迹，有可能高度过低造成危险。当飞机飞出微下冲气流后，又进入了顺风气流，使飞机与气流的相对速度突然降低，由于飞机在着陆过程中本来就在不断减速，我们知道飞机的飞行速度必须大于最小速度才能不失速，突然减速就很可能使飞机进入失速状态，飞行姿态不可控，而在如此低的高度和速度下，根本不可能留给飞行员空间和时间来恢复控制，从而造成了严重的飞行事故。

严重的低空风切变，常发生在低空急流即狭长的强风区，对飞行安全威胁极大。这种风切变气流常从高空急速下冲，像向下倾泻的巨型水龙头，当飞机进入该区域时，先遇强逆风，后遇猛烈的下沉气流，随后又是强顺风，飞机就像狂风中的树叶被抛上抛下而失去控制，因此，极易发生严重的坠落事件。

关于风切变的对策

由于风切变现象具有时间短、尺度小和强度大的特点，从而带来了探测难、预报难、航管难和飞行难等一系列困难，是一个不易解决的航空气象难题。因此，目前对付风切变得最好办法就是避开它。因为某些强风切变是现有飞机的性能所不能抗拒的。进行风切变的飞行员培训和飞行操作程序设置，在机场安装风切变探测和报警系统以及机载风切变探测、告警和回避系统，都是目前减轻和避免风切变危害的主要途径。

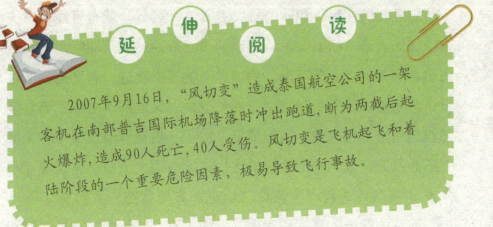

延 伸 阅 读

2007年9月16日，"风切变"造成泰国航空公司的一架客机在南部普吉国际机场降落时冲出跑道，断为两截后起火爆炸，造成90人死亡，40人受伤。风切变是飞机起飞和着陆阶段的一个重要危险因素，极易导致飞行事故。